U0163420

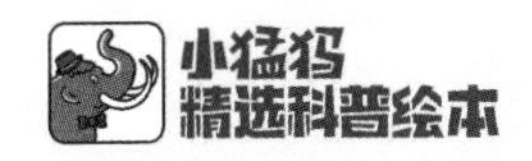
小猛犸
精选科普绘本

轰隆！
火山喷发了！
[美]杰西卡·库勒吉安 著 [加拿大]佐伊·司 绘 李璐 译
電子工業出版社
Publishing House of Electronics Industry
北京·BEIJING

我是一座火山。

一座安静的、
沉睡的火山。

ZZZ
嘘！这座火山正在睡觉。科学家们称之为休眠，也就是说它已经许多年不曾喷发了。

我已经沉睡了数千年，

但现在，我的底部已经开始萌动。

2000年前

现在

它表面看起来很平静，但它的内部正在升温。它在觉醒。

我的岩浆室发出阵阵嘶嘶声。

嘶嘶
噼噼啪啪
咕吱咕吱
来看一眼——呕！火山下方恶臭的热气将熔化的岩石，也就是岩浆，推入一个被称为岩浆房的空腔。岩浆温度极高，即使是已经冷却变硬的旧岩浆与新岩浆混合后也会再次熔化。

在我昏昏欲睡的斜
坡下面，我感觉到
有东西松动了。

地球的外层就像由许多大板块拼在一起的拼图。科学家们把这些板块称为构造板块。大多数火山位于板块交汇处，也就是板块边界上。板块运动会导致地震，进而扰乱火山内酝酿的岩浆和气体。

然后，气体咕咕作响。蒸汽喷涌而出。

警告！当火山开始喷出气体或灰尘时，预示着它可能很快就会爆发。

我的泡泡沸腾，爆裂，迸发。

我吼叫……

来了！岩浆和气体从岩浆房中上升，穿过一个名为火山通道的管道。它们准备好逸出了。接下来是什么呢？

我
快跑！

醒啦！

轰—

轰隆！！
火山喷发了！熔岩！灼热的岩石！灰尘滚滚！火山喷发口发生强烈的爆炸，熔岩向外喷射，摧毁附近的一切。
有时火山喷发非常猛烈，甚至能够改变天气！火山灰云遮住了太阳，降低了地表温度。有些喷发还会生成自己的闪电风暴！

冲啊！
熔岩流！
熔岩流翻滚，
流淌，
然后转向。
我炽热的溪流嘶嘶作响……

岩浆一旦从火山顶部溢出就成了熔岩。不要企图阻碍它！熔岩会熔化岩石，摧毁沿途的一切。

然后慢慢地，
喷发平息。

我停了下来，

但是请看……

新生事物出现了。

熔岩流过的地方会形成新的土地。有时候，熔岩会形成一个全新的岛屿！火山灰落下的地方，土壤会变得富含矿物质，新的生命如雨后春笋般涌现并茁壮成长。

现在，我只是一座安静的、沉睡的火山。

直到……

ZZZ
我再次醒来。
嘘……全世界都有沉睡的火山，火山学家一直在监测它们再次醒来的迹象。这些科学家为未来的火山喷发制定应对计划，以拯救无辜的生命。

火山的状态

活火山是近期喷发过或即将再次喷发的火山。迹象包括岩浆房爆满，火山内外温度升高，冒出水蒸气、岩石、灰尘或熔岩。

休眠火山是曾经喷发过，但在数百年甚至数千年间未曾喷发的火山。有时，休眠火山会导致地震，但它们一般长期处于沉睡状态。因为火山通道仍与岩浆房连通，所以休眠火山有可能再次醒来。

死火山已经沉寂了数千年。它们的火山通道不与岩浆房连通，再也不会喷发。

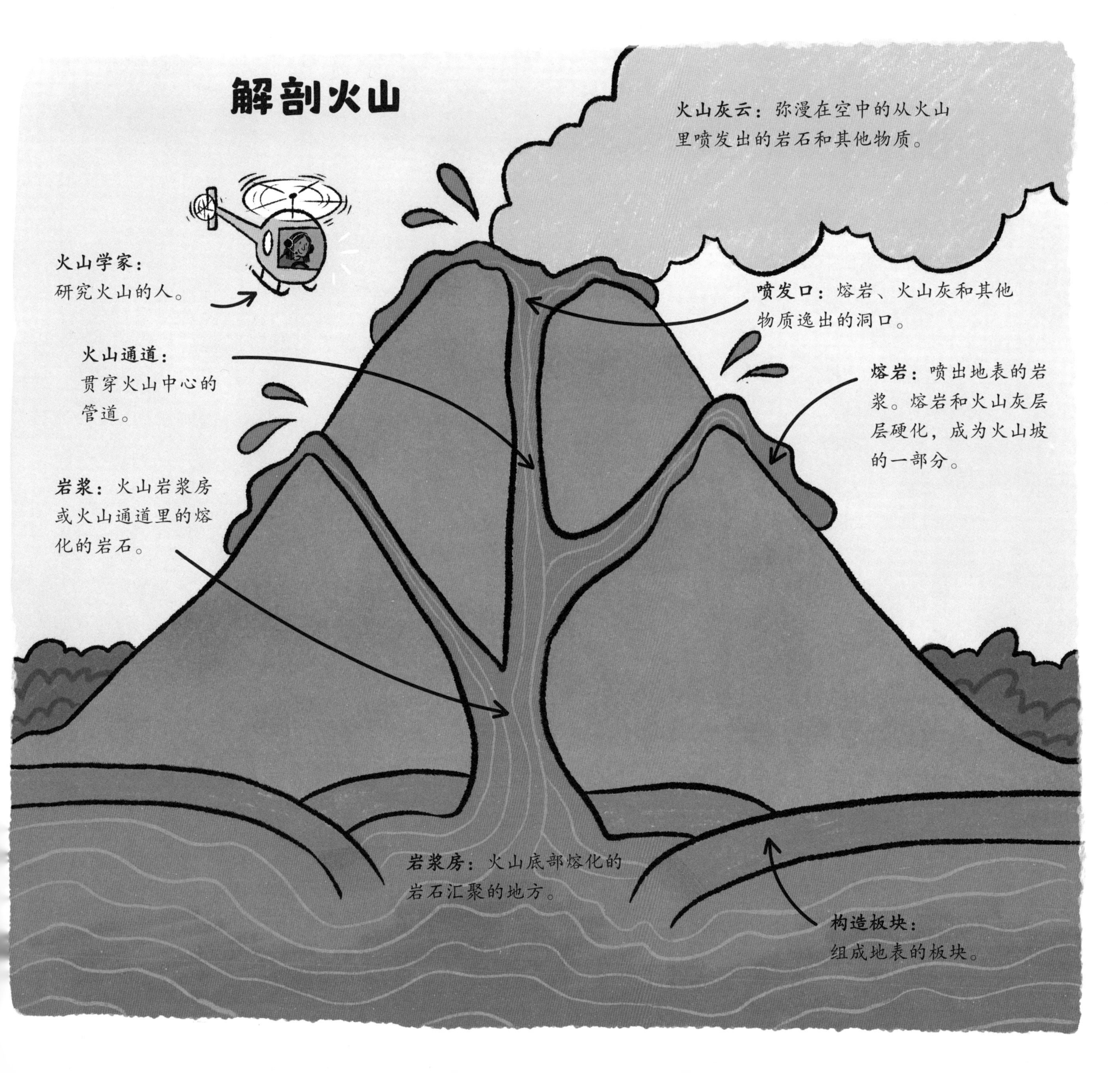
解剖火山
火山灰云：弥漫在空中的从火山里喷发出的岩石和其他物质。
火山学家：研究火山的人。
喷发口：熔岩、火山灰和其他物质逸出的洞口。
火山通道：贯穿火山中心的管道。
熔岩：喷出地表的岩浆。熔岩和火山灰层层硬化，成为火山坡的一部分。
岩浆：火山岩浆房或火山通道里的熔化的岩石。
岩浆房：火山底部熔化的岩石汇聚的地方。
构造板块：组成地表的板块。

常见的火山类型

成层火山也称为复式火山。它们看起来像陡峭的山峰，顶峰处有一个火山口。著名的复式火山有美国华盛顿州的圣海伦斯火山和瑞尼尔山、日本的富士山，以及哥斯达黎加的阿雷纳火山（它激发了本书的艺术灵感！）。

破火山口是成层火山在岩浆释放后坍塌形成的碗状地貌结构。通常，破火山口在历经多年的雨雪填充后变为湖泊。美国俄勒冈州的火山口湖就是典型的破火山口。

火山渣锥是最小的火山。熔岩喷发、硬化、堆积，久而久之，形成火山渣锥。火山渣锥通常出现在其他火山附近。在墨西哥的帕里库廷有一座著名的火山渣锥，它是几天内在一个玉米地里忽然形成的。

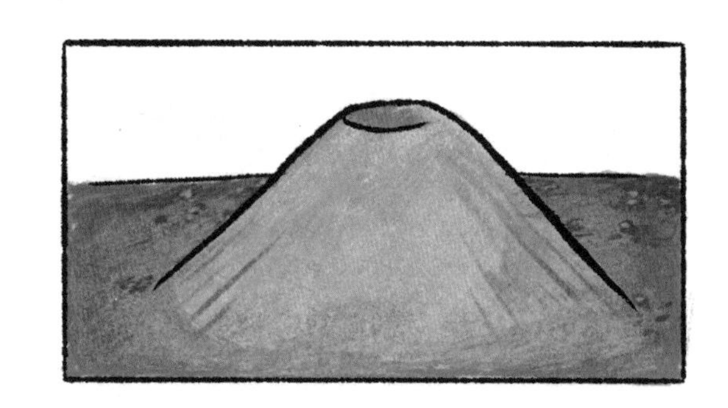

盾状火山由从一个或一组喷发口流出的一层一层的熔岩流形成。盾状火山没有成层火山那么高，但它们占地广阔。夏威夷群岛就是由这类火山构成的火山岛链，其中包括世界上最大的盾状火山之一——莫纳罗亚火山。

海底火山沿着海洋底部的构造板块形成。全球80%的火山活动发生在水下！南太平洋的西玛塔火山和洪阿汤加–洪阿哈派火山皆为海底火山。

超级火山指的是可以形成超级喷发的破火山口系统。超级喷发向空中喷出的火山灰及其他物质比任何其他类型的喷发都要多。美国加利福尼亚州的长谷火山和怀俄明州的黄石公园火山、印度尼西亚的多巴火山和新西兰的陶波火山都曾发生超级喷发。

Original Title: Kaboom! A Volcano Erupts
Text © 2023 Jessica Kulekjian
Illustrations © 2023 Zoe Si
Published by permission of Kids Can Press Ltd., Toronto, Ontario, Canada.

本书中文简体版专有出版权由 Kids Can Press Ltd. 授予电子工业出版社。
未经许可，不得以任何方式复制或抄袭本书的任何部分。

审图号：GS京（2024）0974号
本书插图系原文插图。

版权贸易合同登记号 图字：01-2024-1632

图书在版编目（CIP）数据
轰隆！火山喷发了！ / (美) 杰西卡·库勒吉安 (Jessica Kulekjian) 著 ; (加) 佐伊·司 (Zoe Si) 绘; 李璐译.
-- 北京 : 电子工业出版社, 2024.6
ISBN 978-7-121-47736-2

Ⅰ. ①轰… Ⅱ. ①杰… ②佐… ③李… Ⅲ. ①火山－少儿读物 Ⅳ. ①P317-49

中国国家版本馆CIP数据核字（2024）第080124号

责任编辑：张莉莉
印　　刷：北京瑞禾彩色印刷有限公司
装　　订：北京瑞禾彩色印刷有限公司
出版发行：电子工业出版社
　　　　　北京市海淀区万寿路173信箱　邮编：100036
开　　本：889×1194　1/12　印张：3.5　字数：20千字
版　　次：2024年6月第1版
印　　次：2024年6月第1次印刷
定　　价：49.80元

凡所购买电子工业出版社图书有缺损问题，请向购买书店调换。若书店售缺，请与本社发行部联系，
联系及邮购电话：（010）88254888，88258888。
质量投诉请发邮件至zlts@phei.com.cn，盗版侵权举报请发邮件至dbqq@phei.com.cn。
本书咨询联系方式：（010）88254161转1835，zhanglili@phei.com.cn。

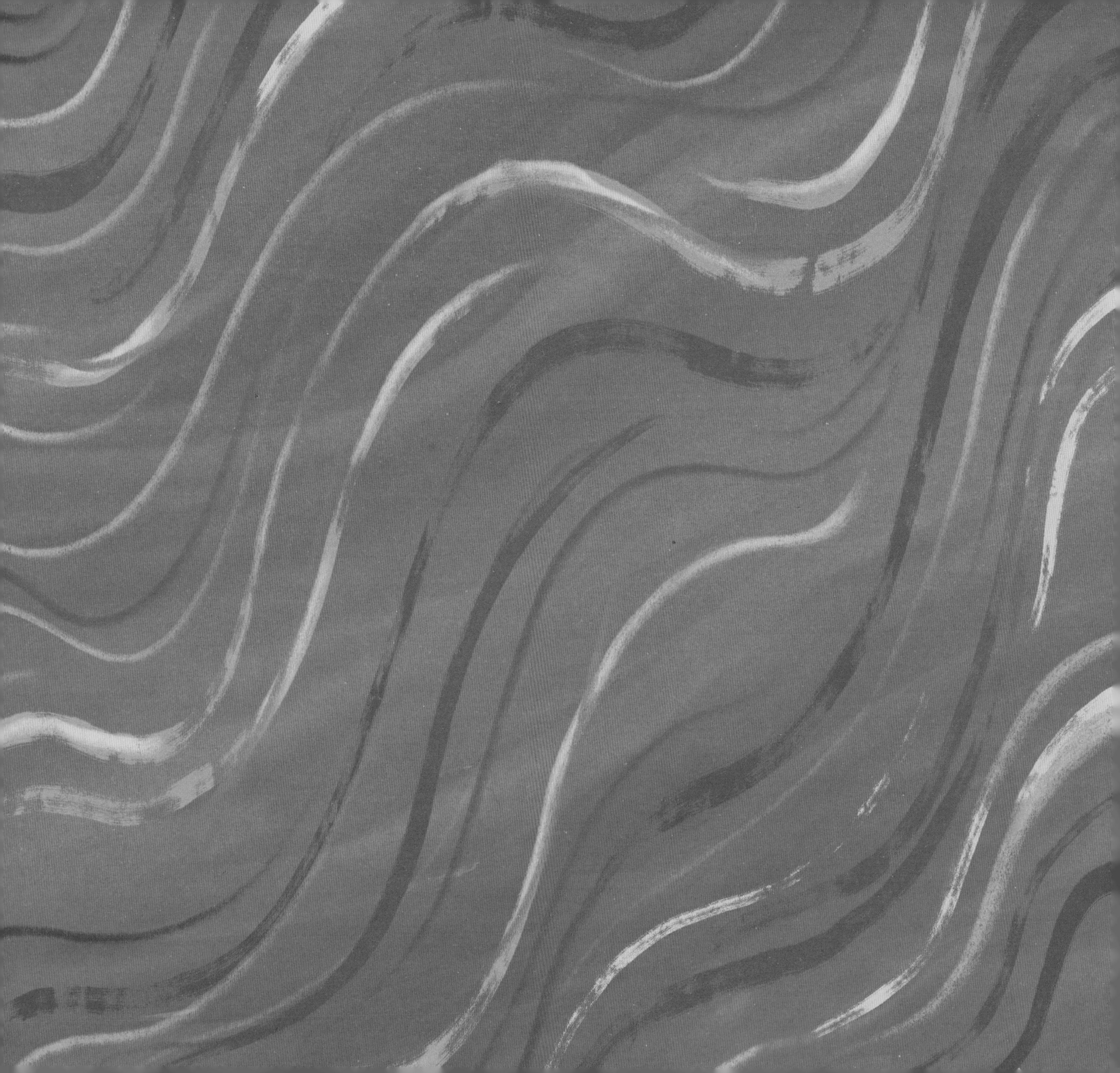